Callwey

Ursula Barth (Text)
Christa Brand / Gisela Caspersen
(Fotos)

Naturnahe Gärten

Aktuelle Beispiele
für gekonnte Gestaltung,
Bepflanzung und Pflege

Seite 1: Wer in seinem Rasen auch Wildkräuter zulässt oder ihn sogar in eine Wiese umwandelt, wird mit einem bunten Blütenteppich belohnt.
Seite 2/3: Eine verlockende Einladung für Besucher: Ein dicht umrankter Rosenbogen rahmt den Blick auf den romantischen, eingewachsenen Gartenpfad.
Links: Alte Holzfässer sind nicht nur sehr dekorativ, sie dienen auch als Sammelbehälter für wertvolles Regenwasser.

Inhalt

Vorwort

**Naturnahe Gärten sind lebendig und bunt, schön und wertvoll. Für
malige Möglichkeit, unsere heimische Tier- und Pflanzenwelt haut-
nen Haustür. Die immer wiederkehrenden Abläufe, die im Haushalt
lüften für uns ein wenig ihr Geheimnis. Wir können besser lernen,
Welt zu verstehen.**

Naturnahe Gärten nehmen in ihrer Zahl laufend zu, und das völlig zu Recht. „Zurück zur Natur“ hieß vor einigen Jahren der Slogan, der die Naturgartenbewegung unaufhaltsam ins Rollen brachte. Das gesteigerte Bewusstsein um unsere Verantwortung für Natur und Umwelt hat diesen neuen Gartentrend in der Mitte der 80er-Jahre zu einem wahren Höhepunkt geführt. Diese Entwicklung war auch längst überfällig. Nach der sterilen und leblosen Sauberkeit und Ordnung, die unsere Gärten der Nachkriegszeit in vielen Fällen geprägt haben, waren die Buntheit und Ungezwungenheit der neuen Art des Gärtnerns wie ein befreiender Schlag. Endlich konnte wieder mit der Natur gearbeitet werden und nicht dagegen. Während man vorher in das mühsame Bekämpfen von lästigem „Unkraut“ viel Zeit und Mühe investierte, wurden uns plötzlich die Augen geöffnet, dass in dieser Pflanzen-

uns Menschen schaffen sie die ein-
nah zu erleben, direkt vor der eige-
der Natur so selbstverständlich sind,
uns als Teil dieser unvergleichlichen

Ein Liegestuhl mit Blick auf das Haus, am Teichrand platziert, lädt dazu ein, die Ruhe inmitten der Natur zu genießen.

gruppe so mancher Pflanzenschatz verborgen ist. Kurze, saftig grüne Rasenteppiche, geschnittene Heckenwände, Edelrosenrabatten und anspruchsvolle, von Pflanzenzüchtern intensiv bearbeitete Pracht- und Beetstauden – sie alle erfordern einen hohen Pflegeaufwand, um ihr Aussehen zu bewahren, und werden als Monokulturen in der Natur kein Vorbild finden. Was nun nicht heißen soll, dass sie gleich ganz verbannt werden sollen! Schließlich sind sie überlieferte Teile unserer Gartentradition und erfreuen viele mit ihrem Anblick.

Doch es ist auch notwendig, daneben einen Sinn für eine erweiterte Art von Ästhetik zu entwickeln. Wenn wir mit offenen Augen durch die Welt gehen, erkennen wir von allein, dass ganz andere Arten von „Beeten", von Gärten schön sind! Von der Schönheit der Natur schwärmen viele, sie träumen von herrlichen

Landschaften und beklagen deren zunehmenden Verlust. Dabei können sie Teile dieser geschätzten, schönen Natur ganz nah zu sich heranholen, in den eigenen Garten.

„Naturnah“: Was heißt das eigentlich? „Natürlich“ ja eigentlich nicht. Es ist ein Zustand, der eindeutig vom Menschen geschaffen wurde, aber sich mit der Natur ein großes Vorbild sucht. Wir versuchen uns natürlichen Bedingungen so gut es geht anzunähern und unser Tun so gut als möglich mit der Natur in Einklang zu bringen, ihr damit keinen Schaden zuzufügen. Um dem gerecht zu werden, müssen wir die Natur wieder besser kennenlernen, ihre unendlich vielfältigen, oft so empfindlichen Lebensräume, die Kreisläufe aller Stoffe in einem sinnvollen Zyklus, die zum Teil selten gewordenen und gefährdeten Pflanzen und Tiere.

Ein naturnaher Garten kann viele Gesichter besitzen, vom reinen Wildgarten, in dem die Natur weitgehend freie Hand bekommt, bis zum eher klassischen Garten, in dem die Schönheit von heimischen Stauden, Blumen, Gräsern, Farnen, Bäumen und Sträuchern zu einem unwiderstehlichen, bewusst aufgebauten Bild komponiert ist. Wer es nicht ganz so streng nimmt, kann heimische Pflanzenschätze mit Wildstauden und Gehölzen anderer Länder und auch züchterischen Gartenformen kombinieren. Heimisches sollte aber die Oberhand behalten.

Der erste Schritt bei der Gartenanlage ist die Berücksichtigung des konkreten Ortes. Die natürliche Modellierung des Geländes ist eine Vorgabe, die den Garten einmalig macht und die Grundlage für eine individuelle, spannungsreiche Anlage schafft, die sich nahtlos in die umgebende Landschaft einfügen kann. Das Gelände einzuebnen, wäre der völlig falsche Weg. Bei der Auswahl der Pflanzen braucht man sich nur in der natürlichen Umgebung umzusehen: Was hier wächst und gedeiht, passt auch gut in unsere Gärten. Ebenso sollte man bei der Wahl von Materialien für

Wege, Treppen, Mauern, Zäune, Pergolen und anderes vorgehen.
Das Denken in Kreisläufen ist ein zentrales Anliegen von Naturgärtnern. Kleine Stoffkreisläufe werden direkt auf dem eigenen Grundstück realisiert. Pflanzenmaterial, das bei der Gartenpflege anfällt, wird nicht als „Abfall“ entsorgt, sondern auf dem Komposthaufen in einen wertvollen Bodenverbesserungsstoff verwandelt. Regenwasser wird nicht ins öffentliche Kanalnetz abgeführt, sondern direkt vor Ort genutzt oder versickert. In einem Teich gesammelt, wird es zum bereichernden Gestaltungselement. Um sich selbst und der Natur einen Gefallen zu tun, wird nur die unbedingt notwendige Fläche versiegelt.
Gärten sind wichtige Lebensräume. Nicht nur Pflanzen, sondern auch zahllose Tiere finden hier Unterschlupf. Naturnahe Gärten bieten eine besondere Fülle von Räumen für unsere vielfältigen Mitgeschöpfe. Darüber hinaus können sie als dringend benötigte „Inseln“ zwischen natürlichen und anderen naturnahen Biotopen dienen oder Teil eines Korridors zum „Wandern“ von Pflanzen und Tieren sein. Besonders in Städten und dicht besiedelten Räumen, also eindeutig naturfernen Orten, kommt diese Bedeutung der Gärten zum Tragen.
Wie man sieht: Viele Argumente sprechen für den naturnahen Garten. Er ist nicht nur für Natur und Umwelt, sondern auch für uns und unsere natürlichen Lebensgrundlagen ein unschätzbarer Gewinn!

Es muss nicht immer „sauber“ sein im Garten, um schön zu wirken: Auf dem durchlässigen Kiesweg darf lebendiges Grün sprießen.

Der Wiesenknöterich (Polygonum bistorta) ist auf feuchten Wiesen beheimatet. Im Garten ist er auch ein attraktiver Sommerblüher in Staudenbeeten.

Trockenmauern und Steinanlagen

Wenn das Gartengrundstück Höhensprünge aufweist und eine Ter-
bau stützender Mauern notwendig wird, sind Trockenmauern die
ten. Diese wertvollen Gestaltungselemente bereichern nicht nur
auch ein unentbehrlicher Lebensraum für Tiere und Pflanzen. Unge-
auf die Nähe zum Gestein angewiesen sind, finden hier ihren Platz.

Die Bezeichnung Trockenmauer ist abgeleitet von ihrer Bauweise: Steine – meist Natursteine – werden ohne haftenden Mörtel aufeinander geschichtet. Ein solider Fugenverband verhilft zu einer verblüffenden Stabilität, so dass Mauern dieser Bauart durchaus in der Lage sind, den Druck von Hängen abzufangen. Bei der Materialwahl sollte man zunächst sehen, welche Gesteinsarten in der Umgebung vorkommen, was also in der Region der natürliche Baustoff ist. Von Kalkgestein über Granit, Porphyr, geschieferten Gesteinsarten bis zu porösem Tuff können alle für den Mauerbau verwendet werden. Aus dem Material, seinen Eigenschaften, seiner Farbe und Struktur ergeben sich unendlich viele Gestaltungsvarianten, die geschickt für die individuelle Gartenplanung genutzt werden können. Großformatige, ruhige Sandsteinblöcke in verschiedenen Gelbtönen etwa erzeugen eine völlig andere

rassierung des Geländes oder der Ein-
ideale Lösung für den naturnahen Gar-
durch ihr attraktives Aussehen, sie sind
wöhnlich schöne Stauden, die oft sogar

Sichtlich wohl fühlt sich der Salbei auf dieser niedrigen Trockenmauer. In den Mauerfugen wächst Hauswurz.

Wirkung als die dünnen, plattig geschichteten Mauersteine eines Schiefers. Doch auch wenn in der heimischen Region keine oder kaum Natursteinvorkommen vorhanden sind, besteht kein Grund zu Traurigkeit: Eine gute, ökologisch sinnvolle und nicht minder schöne Alternative sind Recyclingmaterialien, die – ein zusätzlicher Pluspunkt – Geldbeutel und erschöpfbare Natursteinressourcen schonen. Alte Mauerziegel, Steine aus abgebrochenen Gebäuden und sogar Betonbrocken mit angesetzter Patina können bestens zu wirkungsvollen Mauern aufgeschichtet werden.
Doch was der Naturgärtner an Trockenmauern besonders schätzt, ist ihr ökologischer Wert als Lebensraum für die große Zahl wärme- und trockenheitsliebender Pflanzen und Tiere, die bei uns heimisch und heute in ihrem Bestand leider oft bedroht sind.

Naturstein – ein schönes und vielseitiges Material

Der etwas andere Steingarten: Wie eine Pyramide oder Treppe lehnen sich die mit Flechten überzogenen Platten an den Hang. Dank der Pflanzen wirkt die eigentlich formale Anlage weniger streng. Polster- und niedrige Stauden, die hier zwischen den Wärme reflektierenden Steinen und in der vollen Sonne ideale Standortbedingungen finden, gesellen sich harmonisch zueinander: Polsterphlox (*Phlox subulata*), Grasnelke (*Armeria maritima*), Storchschnabel (*Geranium dalmaticum*), Ehrenpreis (*Veronica teucrium*), Glockenblume (*Campanula* sp.) und viele andere (▲).

Auch so kann ein Steingarten aussehen: Aus gebrochenem Granitschotter und Felsblöcken entstand eine magere „Felssteppe", auf der sich trockenheitsliebende und nässeempfindliche Stauden ausbreiten können. Die erhabene Königskerze samt sich selbst aus und wandert so durch den Garten. Hinter dem Felsen sehen die Köpfe einer Wilden Karde hervor (◄).

Die Trockenmauer aus rechteckigen Sandsteinquadern schmückt sich mit einem schönen Fugenbild. Standortspezialisten mit dickfleischigen Blättern, die als Speicherorgane und Verdunstungsschutz dienen, sind ebenso vertreten wie das zarte Schleierkraut, das den Zulauf des schlichten Trogbrunnens umspielt (►).

Variationen in Material und Verwendung

Die Struktur des schiefrigen Natursteins bedingt die flache Form der Mauersteine und betont die Waagrechte. Auf der Mauerkrone blühen eine weiße Auslese der Karpaten-Glockenblume und weißer Teppichsedum. Aus einer Mauerfuge breitet sich eine ganze Kolonie von Hauswurz aus, die einen mächtigen Blütenschaft nach oben treibt. Doch nicht nur viele Pflanzenspezialisten, auch zahlreiche Tiere finden hier zwischen den aufgeheizten Steinen ideale Bedingungen (▲).

Recyclingmaterial, wie hier die alten Mauerziegel, besitzt bereits Patina, fügt sich bestens in den grünen Wildwuchs ein und scheint schon immer in diesem Garten gewesen zu sein. Im kühlen Mauerschatten zeigt das Tafelblatt (*Rodgersia tabularis*) seinen beeindruckenden Blattschmuck (◀).

Trittplatten und ein fein gewebter Teppich aus Wildpflanzen sind hier zu einer begehbaren Steinanlage zusammengefügt. Die Flächen zwischen den Trittsteinen sind mit Schotter verfugt, so dass ein trockener, magerer Standort entsteht. Goldgelb und weiß leuchten die Färberkamille, aus deren Blüten früher Farbstoff gewonnen wurde, und die Schafgarbe, deren ätherische Öle zu Heilzwecken dienen, aus grauem Laub hervor (▶).

Wege und Treppen

Wege und Treppen erschließen uns das Gartenreich. Sie erleichtern und strukturieren das Gelände. Je nach Ausführung halten sie sich selbst eine gestaltende Hauptrolle auf der Gartenbühne. Wofür auch auf eine möglichst gute Wasserdurchlässigkeit geachtet werden. Wer an Ort und Stelle versickern kann, hat weniger Aufwand beim Bau

Wege, befestigte Flächen und Treppen machen den Spaziergang durch den Garten angenehmer und helfen, trockenen Fußes an das gewünschte Ziel zu gelangen. Aus dem Spiel mit unterschiedlichen Belagarten und Wegebreiten, die in erster Linie von der zu erwartenden Belastung des Weges abhängen, kann die Wirkung des gesamten Gartens wesentlich mit beeinflusst werden.
Bei der Materialwahl gilt: Zunächst herausfinden, was die eigene Region zu bieten hat! Natursteinpflaster wird von vielen als besonders „natürlich“ empfunden. Wenn der Stein aber aus anderen Ländern importiert wurde, ist seine Verwendung in unseren heimischen Gärten fragwürdig.
Für stark befestigte und beanspruchte Bereiche kann man als Alternative auf warm leuchtenden Pflasterklinker oder auch Betonpflaster zurückgreifen.

das Gehen, dienen uns als Wegweiser dezent im Hintergrund oder spielen immer man sich entscheidet, es sollte Wege so anlegt, dass das Wasser und hilft der Umwelt.

Wenn der Winter vorbei ist, begleiten Winterlinge und Schneeglöckchen den Weg durch den Garten.

Das oberste Gebot bei jeder Art von Pflaster lautet: Der Grad der Flächenversiegelung ist so gering wie möglich zu halten. Ein kleiner Wasserkreislauf im privaten Garten ist einfach zu realisieren und hilft unserer Natur. Breite Fugen, verfüllt mit grobem Splitt und vielleicht sogar begrünt, nehmen das Regenwasser auf und führen es schnell ab.

Sehr schöne, preiswerte und naturnahe Beläge lassen sich mit Kies herstellen. Auch sogenannte wassergebundene Decken, die aus verschieden gekörntem, feinem Gesteinsmaterial aufgebaut sind, sind zu empfehlen. Wer es lieber grün hat, legt Rasenwege oder einen stärker belastbaren Schotterrasen an. Schließlich bleibt noch das Naturmaterial Holz zur Auswahl. Wege aus Rindenmulch und Holzhäcksel sind schnell und einfach gebaut und angenehm weich unter den Füßen.

Wege und Pfade erkunden das Gartenreich

Der gut befestigte Weg aus polygonalen Natursteinplatten führt an einem natürlichen Bach entlang. Dank der begrünten Fugen und der Stauden, die vom Rand hereindrängen, wirkt der Pfad nicht starr oder wie ein Fremdkörper. Die hellen Gesichter der vorwiegend im Mittelmeerraum heimischen Dichternarzissen leuchten vor dem Hintergrund der Ufergehölze. Diese Narzissenart samt sich von selbst aus und eignet sich daher besonders zum Verwildern. Am rechten Wegrand nicken grazil Schachbrettblumen – eine heute leider selten gewordene und gefährdete Pflanze unserer Feuchtwiesen – mit ihren purpurbraunen Blütenköpfen (▲).

Ein Weg, der alle paar Wochen mit dem Rasenmäher neu „gebaut“ wird, führt hier mitten durch eine Wiese. Einfache Rosenbögen aus lackiertem Eisen geben die Richtung vor. Solche Rasenwege sind grün, lebendig, immer variabel und angenehm weich. Als ruhige, einheitlich grüne Kontrastfläche steigern sie zudem die Wirkung der artenreichen, bunten Wiese rundum (◄).

Kies ist ein traditionelles Wegematerial. Wegen des geringen Versiegelungsgrades ist er ideal im naturnahen Garten zu verwenden (►).

... und es sprießt und blüht aus allen Fugen!

Auch als Blumenbeet müssen die Stufen, die von der Terrasse in den Garten führen, in diesem Beispiel herhalten. Solange sie noch begehbar bleiben, stört der hübsche Bewuchs schließlich auch nicht. Der Rote und der Großblütige Fingerhut (*Digitalis purpurea* und *D. grandiflora*) wachsen in der Natur in Wäldern, an Waldrändern und Waldsäumen und samen sich am richtigen Standort bereitwillig aus. (Achtung: Fingerhut ist extrem giftig!) (▲).
Patchwork-Muster für den Gartenweg: Roter Klinker, hellgrauer und anthrazitfarbener Granit sowie weißer Marmor ergänzen sich zu einem bunten, originellen Wegebelag. Die Kombination verschiedener Materialien lässt Raum für zahllose Muster und Spielarten aus Struktur- und Farbkontrasten. Intensiv leuchtender Klatschmohn macht sich in den Fugen des Belags breit, das Rot der Blüten wird durch die Farbe des Klinkers noch gesteigert (◀).
Die kleine Treppe aus massiven Blockstufen verschwindet fast unter der wuchtigen, samtig behaarten Blattrosette einer Königskerze. Eine Besetzung auf Dauer ist aber nicht zu befürchten: Die Staude ist kurzlebig und wandert von selbst im Garten weiter. Wer Stufen aus ganzen Steinblöcken bauen will, sollte den hohen Materialverbrauch und entsprechende Kosten beachten (▶).

Rindenmulch und Holzhäcksel sind natürliche, preiswerte und herrlich weiche Materialien. Besonders gut eignen sie sich für Wege durch waldartige Partien, in denen sie vor Austrocknung geschützt sind.

Sitzplätze im Garten

Ein Garten ohne einen oder mehrere Sitzplätze ist einfach undenk-
Gestaltungselementen auf jedem privaten Grundstück. Terrassen, di-
Teilen des Gartens gelegen, sind beliebte Treffpunkte für die Familie
mel, wenn Freunde und Gäste eingeladen sind. Das üppige Leben und
allen Ecken erfüllt, will direkt miterlebt und aus nächster Nähe,

Nach Möglichkeit sollte ein Garten gleich mehrere Sitzplätze aufweisen. Natürlich einen direkt am Haus, der mit nur einem Schritt schnell erreicht und auch als Frühstücksplatz geeignet ist. Meist sind solche Terrassen südexponiert. So wird ein Maximum der wärmenden, wohltuenden Sonnenstrahlen eingefangen, dem einen oder anderen wird in den Mittagsstunden aber auch schnell zu heiß. Für die Stunden am Nachmittag oder Abend, wenn die Sonne weiter gewandert ist, ist der Aufenthalt an einem Sitzplatz mit anderer Ausrichtung angenehmer. Dorthin kann man sich auch tagsüber zurückziehen, wenn man einfach nur die Ruhe im Garten genießen will oder ein kühleres, schattigeres Plätzchen sucht.
Wer einen Teich oder Bachlauf sein Eigen nennt, darf nicht versäumen, dort einen Sitzplatz anzulegen, um die einmalige, ent-

bar. Sie gehören zu den wichtigsten
rekt am Haus oder auch in anderen
oder ein Festplatz unter freiem Him-
quirlige Treiben, das den Garten in
mittendrin, beobachtet werden.

Ein Sitzplatz mit wenig Aufwand: Einfache Gartenmöbel wurden spontan mitten im Grünen gruppiert.

spannende und beruhigende Atmosphäre am Wasser genießen zu können. Auch wegen der angenehm kühlen Temperaturen in Wassernähe wird ein Sitzplatz am Wasser zum beliebten Treffpunkt werden.

Sitzplätze brauchen nicht unbedingt eine befestigte Fläche oder Terrasse. Auch mitten im Rasen lässt sich mit schnell herbeigetragenen, leichten Gartenmöbeln – zum Beispiel mit Klappstühlen und -tischen – spontan eine Runde mitten im Grünen eröffnen. Gartenbänke, die über das Grundstück verteilt werden, und zwar gerne auch an etwas versteckten und zurückgezogenen Plätzen, laden zum Ausruhen ein und sind bestens geeignet, sich mit einem schönen Buch dort niederzulassen. Als Blick- und Endpunkt in Wegeachsen aufgestellt, übernehmen sie darüber hinaus wichtige Rollen in der Gartengestaltung.

Platz für gesellige Runden und Mußestunden im Grünen

Ganz versteckt in einem umwachsenen Eck des Gartens lädt die blau gestrichene Bank dazu ein, die überquellende Schönheit rundum zu genießen: der ideale Rückzugsort! Über dem Sitzplatz spannt die Gold-Waldrebe (*Clematis tangutica*), ein echter Dauerblüher mit grazil nickenden Blüten, ein lebendiges Dach aus dicht verwebten Trieben. Im Vordergrund bieten Stockrosen, traditionelle Bauerngartenpflanzen, teilweisen Sichtschutz (▲).

Ein solcher Sitzplatz kann mit Sicherheit als unverwechselbar bezeichnet werden! Fast wirkt er, geschützt und beschattet durch einen grünen Kranz aus Farnwedeln, wie ein geheimer Treffpunkt. Als Sitzflächen dienen Holzbalken, ein Material, das im Freien ohne Schutz relativ schnell verwittert. Links webt die Goldnessel ein grünes Netz über die Rückenlehne aus gemauertem Feldstein. Ein rustikaler Tisch rundet das Ensemble ab (◀).

Ungeschälte Äste dienten bei dieser schönen Sitzbank als Baustoff. Geübte Bastler können sich ein solches, ganzjährig wirksames Schmuckstück mit Material aus dem eigenen Garten leicht selbst herstellen. Die Bank passt perfekt in die zurückgesetzte Nische der Hainbuchenhecke, die dem Besucher „Rückendeckung“ und gleichzeitig Sicht- und Windschutz bietet (▶).

Begrünte Fassaden

Mit Kletterpflanzen bekommen kahle Fassaden ein grünes und blü-
ten – eine Wohltat für die Augen! Von Frühjahr bis Herbst beleben
gerüste, Säulen und Pergolen, oder wirken sogar ganzjährig, wenn
In kleinen Gärten oder Gartenhöfen mit begrenztem Raum ersetzen
Sträucher.

Gerade wenn der Platz eng und scheinbar kein Raum für erfrischendes Grün ist, können die kletternden und rankenden Fassadenkünstler ihre Trümpfe voll ausspielen. Ein kleines, nur wenige Hände breites Beet (für das Pflanzloch) ist auch bei engen Verhältnissen immer noch unterzubringen. Kletterpflanzen belohnen, je nach gewählter Art, mit sehenswertem Blattschmuck, schönem Flor und süßem Blütenduft, berauschender Herbstfärbung oder immergrüner Wirkung. Frucht tragende Exemplare wie verschiedene Weinsorten, Brombeeren oder die exotische Kiwi beschenken den treu pflegenden Gärtner sogar mit richtigen Gaumenfreuden.

Der Gewinn, den Kletterpflanzen im Garten bringen, beschränkt sich aber nicht allein auf ästhetische und unter Umständen kulinarische Belange. Auch viele Kleintiere werden die schönen

hendes Kleid aus Blättern und Blü-
sie Haus- und Trennwände, Rank-
eine immergrüne Art gewählt wurde.
die Kletterkünstler Bäume und

Das strahlende Weiß dieser Clematisblüte setzt sich kontrastreich von der dunklen Fassade ab.

Pflanzen gerne als Lebensraum und Futterquelle annehmen. Insekten können hier reichlich Nahrung finden, Vögel nutzen das grüne Fassadenkleid als Versteck und zum Brüten.
Auf kleinem Raum, in engen Höfen verhelfen die Kletterpflanzen zu einem besseren Kleinklima, von der Atmosphäre, die vorher dunkle oder ungemütliche Ecken einladend wirken lässt, ganz zu schweigen. An Fassaden gepflanzt, wirken Kletterpflanzen wie Klimapuffer, die sowohl Hitze- als auch Kälteextreme mindern können. Solange Fassade und Putz intakt sind und keine Risse existieren, sind keine negativen Auswirkungen einer Fassadenbegrünung zu erwarten. Wenn aber bereits derartige Schäden am Gebäude vorhanden sind oder Fassadenverkleidungen aus Holz oder Platten das Haus umhüllen, ist Vorsicht angesagt und der Rat des Gärtners einzuholen.

Ein Kleid aus Blättern und Blüten

Wer einen Blauregen (*Wisteria*) in seinen Garten pflanzt, wird mit spektakulärem Blütenschmuck belohnt. Der sehr starkwüchsige Schlinger ist aber nur für größere Gebäude und kräftig dimensionierte Rankgerüste geeignet. Wisterien lieben das Licht und müssen unbedingt in die volle Sonne gesetzt werden. In gut gedüngtem, feuchtem Boden fühlen sie sich besonders wohl (▲).

Der Hopfen (*Humulus lupulus*) ist eine Ausnahme unter den Kletterpflanzen: Er ist kein Gehölz, sondern eine jährlich neu austreibende Staude. Die dekorativen Dolden werden nur von den weiblichen Pflanzen ausgebildet. Bekannt ist der Hopfen als Kulturpflanze, unersätzlich für das Bier, wichtig als Heil- und Arzneipflanze. Zu Hause ist er in den heimischen Auwäldern und Gebüschen. Im Garten gepflanzt, bringt er ein Stück Natur zu uns (◀).

Wie ein grüner Pelz umhüllt Wilder Wein dieses Häuschen und macht selbst vor dem Dach nicht Halt. Die Fenster sind fast nur noch durch den bunten Blumenschmuck auszumachen. Der Anblick ist zwar sehr romantisch, doch sollte die Pflanze zurückgeschnitten werden, bevor sie unter Dachziegel oder hinter Fassadenteile wachsen kann. Im Herbst „entflammt“ das dichte, dachziegelartig überlappende Laub zu einem wahren Feuerwerk (▶).

Naturnahe Teiche

Wassergärten besitzen eine ganz besondere Faszination. Das nasse
Atmosphäre in unsere Gärten. Kein Wunder also, dass viele Garten-
ganz privaten Reich träumen – vielleicht sogar ergänzt durch einen
unsere heimische Pflanzen- und Tierwelt können solche Gewässer zu
zugsraum werden.

Wasser ist für uns und alle anderen Geschöpfe überlebenswichtig und zugleich selbst voller Leben. Lebensräume, die vom Wasser geprägt sind, werden in der Natur leider immer seltener, gehen durch Trockenlegung, Beseitigung und nachhaltige Störung verloren. Ein naturnaher Gartenteich kann für die vielen Pflanzen und Tiere, die dringend auf einen von Wasser geprägten Standort angewiesen sind, zum gern angenommenen Ersatzbiotop werden. Am Wasser und im Sonnenschein wachsen die Pflanzen besonders schön und üppig: leuchtende Wasser-Schwertlilien, Wiesen-Iris, Sumpf-Dotterblumen, Blutweiderich, Mädesüß, Gilbweiderich, Blumenbinse oder Pfeilkraut, um nur einige zu nennen. Schilfartige Pflanzen rahmen den ruhigen Wasserspiegel, auf dem die heimische Weiße Seerose und die Mummel ihre großen, glatten Schwimmblätter flächig ausbreiten. Auf einer angeschlossenen

Element holt eine unvergleichliche
besitzer von einem Teich in ihrem
sanft gurgelnden Bachlauf. Für
einem wichtigen, geschützten Rück-

Ein dichter Gürtel aus Uferstauden und feuchtigkeitsliebenden Pflanzen führt rund um den Teich.

Feuchtwiese blühen selten gewordene Schönheiten: prächtige Orchideen wie das purpurfarbene Knabenkraut oder die exotisch gemusterte Schachbrettblume. Als zeitweise oder dauerhafte Besucher geben sich Amphibien, Reptilien, Insekten, Kleinsäuger und Vögel ein Stelldichein. Bei der Suche nach dem richtigen Standort hilft ein Blick auf das natürliche Vorbild. In der freien Landschaft bilden sich stehende Gewässer in Senken, also in den tiefsten Stellen des Geländes aus. Ebenso sollte der Gartenbesitzer vorgehen, wenn er einen naturnahen Teich anlegen will. Eine vielfältige Teichmodellierung mit ausreichend großen Flachwasserzonen schafft die Bedingungen für die verschiedenen Pflanzengruppen und Tiere am Wasser. Wenn der Boden sehr lehmig ist, wird eine zusätzliche Teichdichtung überflüssig. Sonst muss mit Lehm, Ton oder Folie eine Wasser haltende Schicht hergestellt werden.

Von Ufer zu Ufer und am Wasser entlang

Am Ufer dieses langsam fließenden Baches gesellen sich Dichternarzissen (*Narcissus poeticus*) zu blau blühendem Gedenkemein (*Omphalodes verna*) und Schlüsselblumen (*Primula* sp.). Luftfeuchtigkeit und -temperatur in seiner Umgebung unterscheiden sich deutlich von anderen Teilen des Gartens, ein Grund warum sich viele Stauden in Wassernähe so wohl fühlen (▲).

Dieses Foto stammt von einem frisch angelegten Teich. Noch sind die Pflänzchen der Schwertlilien klein und zart. Doch bald schon werden sie kräftig wachsen und mit ihrem Blütenschmuck den Garten bereichern. Daneben verrichten sie wichtige Dienste für das „Funktionieren“ des Lebensraumes Teich: Die Pflanze entzieht zusammen mit anderen Wasserbewohnern dem Wasser Nährstoffe, die sonst Algen ideale Bedingungen bieten. Gerade eine vielfältige Pflanzung, in der sich die Arten gewissermaßen in Arbeitsteilung ergänzen, hilft das Wasser sauber zu halten (◀).

Trittsteine sind nicht nur dazu da, bequem von einem Ufer zum anderen zu gelangen, sie erlauben es auch, das Leben in und am Wasser aus nächster Nähe zu betrachten. Unbearbeitete oder nur wenig bearbeitete Findlinge und Bruchsteine fügen sich harmonisch in eine naturnahe Umgebung ein (▶).

Schönheit für den Garten – und Nutzen für die Natur

Der langsam verrottende Holzstamm am Uferrand ist nicht nur ein wichtiger und wertvoller Lebensraum für zahllose Insekten. Gleichzeitig ist er Tieren – zum Beispiel Kleinsäugern wie dem Igel –, die von selbst nicht mehr aus dem Wasser kommen können, als Ausstiegshilfe unentbehrlich (▲).

Ein Teich in Hausnähe holt das vielfältige Leben in und am Wasser ganz nah zu uns heran. Mehrjährige Stauden wie die hoch aufschießende Königskerze oder die Wilde Möhre mit ihren weißen Blütendolden finden mit dem kiesigen, mageren Boden auf der Böschung am Teich ideale Bedingungen vor. Als trockenheitsliebende Pflanzen sind sie eigentlich Exoten am Wassergarten und „ersetzen“ hier optisch einen schilfartigen Ufergürtel. Zwei Lebensräume, die heute selten geworden sind, Teich und Magerstandort, bereichern sowohl die Natur als auch den privaten Garten (◀).

Als schmaler Wasserlauf schlängelt sich diese Verbindung von zwei Teichen durch einen bunten Teppich aus attraktiven Wildstauden. Rechts beugen sich die gelbgrünen Blütenwolken des Frauenmantels wasserwärts. Dazu gesellt sich der straff aufrechte Blutweiderich mit seinen violetten Blütenähren (▶).

Von Juli bis August erscheinen die schönen Schalenblüten des Wasser-Hahnenfußes. Scheinbar schwebend erheben sie sich über der Wasserfläche.

Einfriedungen, Hecken, Zäune

Als Begrenzung für den privaten Garten stehen verschiedene Mög-
fältigen Materialien und Mustern – auch lebendig sprießend – machen
Hecken mit heimischen Wildgehölzen schaffen deutliche Raumgren-
schutz, bieten Unterschlupf für viele Tiere und machen die Jahres-
meer des Frühjahrs wird abgelöst von lebendigen Grüntönen und

Die Einfriedung des Grundstücks ist nicht nur eine funktionelle Angelegenheit. Schließlich sind Zaun und Hecke das Erste, was Besucher vom Garten sehen. Sie vermitteln eine geborgene Atmosphäre im Innern und prägen nicht nur den privaten Garten, sondern bestimmen ganz wesentlich die Gestaltung des Straßenbildes mit. Sie sind ein erfreulicher, einladender Anblick für alle – oder aber das Gegenteil. Es lohnt sich also, die „Hülle“ des Gartens mit Sorgfalt zu planen.

Wer den Zaun als gebaute Lösung der Hecke vorzieht, kann zwischen traditionellen und modernen Formen wählen. Holz ist das am häufigsten verwendete Material. Bei richtiger Auswahl (zum Beispiel das im Freien gut haltbare Lärchenholz) und konstruktivem Holzschutz, der Fäulnis förderndes Wasser schnell abfließen lässt, sind auch unbehandelte Zäune gut haltbar. Aus diesem

lichkeiten zur Auswahl. Zäune in viel-
die Entscheidung schwer. Naturnahe
zen, sind ein hervorragender Sicht-
zeiten für uns erlebbar. Das Blüten-
dann von den Farben des Herbstes.

Gespaltene Holzpfähle sind mit Draht zu einem unaufdringlichen und doch wirksamen Zaun zusammengefügt.

Grund sollten nach Möglichkeit keine Holzpfähle direkt in den Boden geschlagen werden: die Mühen beim Bau des Zaunes wären sonst leider schnell hinfällig.

Zäune grenzen nach außen hin ab, gliedern den Garten in verschiedene Räume, schmücken und sind Sicht- und Lärmschutz. Daraus ergeben sich unterschiedliche Höhen, Formen und Konstruktionen. Auf einen Sockel sollte immer verzichtet werden: die niedrigen Mauern sind für kleine Tiere unüberwindbar und meist auch gestalterisch unbefriedigend.

Ein ganz traditioneller Zauntyp ist der Staketen- oder Hanikelzaun. Besonders schön wirkt er, wenn als Latten ungeschälte dünne Stämmchen verwendet werden, deren Rinde sich im Laufe der Zeit langsam selbst ablöst. Seltener und dekorativ, aber leider nicht sehr dauerhaft sind Zäune aus Weidenflechtwerk.

Schöne Zäune – filigran, lebendig und natürlich

Dieses schmiedeeiserne Tor wirkt wie eine Einladung und lockt förmlich in den Garten. Glücklich kann sich daher der schätzen, dessen Garten ein solches Schmuckstück ziert. Schließlich sind Zaun und Gartentor die Visitenkarte des Hausherrn. Die schmalen Stäbe des Zaunes werden grün durchwebt und dienen als Kletterhilfe für rankende Pflanzen. Ein schmaler Pfad aus Natursteinpflaster führt mitten durch üppige Staudenbeete, in denen verschiedene Blattstrukturen in reizvollem Kontrast kombiniert sind, zum Haus (▲).

Hecken aus Spalierobst sind dekorative Blickfänge und belohnen die Mühen des Gärtners zugleich mit süßem Fruchtbehang! Mit der richtigen Pflege von Obstgehölzen sollte man sich bei dieser Zaunart allerdings schon auskennen, denn nur bei alljährlichem Schnitt bleibt die Schönheit von Obstspalieren erhalten. Das Beispiel zeigt die Apfelsorte 'Jonagold', erzogen zur sogenannten Hecke Bouche Thomas (◄).

Einfache, angespitzte Holzbretter dienen in diesem Beispiel als Zaunlatten. Gerade ihre Unregelmäßigkeit macht den Reiz aus und lässt das „Bauwerk" nicht als Fremdkörper in der naturnahen Umgebung erscheinen (►).

Spiel mit Formen und Materialien aus der Natur

Mit einer witzigen und ungewöhnlichen Lösung kann dieser Zaun aufwarten. Als Baumaterial dienen ausschließlich Stecklinge und Äste heimischer Weiden. Dicke Weidentriebe wurden zu Zaunpfählen verarbeitet. Da sie in noch grünem Zustand in den Boden geschlagen wurden, konnten sie neue Wurzeln schlagen und tragen nun putzigen Kopfschmuck. Wie tolerant und ausschlagwillig Weiden sind, ist daran zu erkennen, dass die lebenden Teile des Zauns sich offenbar bester Gesundheit erfreuen, obwohl sie alle von den „Querlatten" der Füllungen durchbohrt sind (▲).

Die Wildrose mit den attraktiven, einfachen Schalenblüten ist Teil einer frei wachsenden Hecke, die sich hier an einen sockellosen Staketenzaun anlehnt. Neben dem gefiederten Laub und dem locker überhängenden Wuchs der Rosen sind es vor allem ihre überreiche Blütenfülle und ihr oft berauschender Duft, die sie zu echten Ziergehölzen küren. Eine zusätzliche Bereicherung sind die leuchtend roten Hagebutten, die als Fruchtbehang im Herbst erscheinen (◀).

In solch schwungvoller Form sieht man Zäune selten! Der Flechtzaun aus Weiden ist zugleich Abtrennung und Windschutz für die Gemüse- und Kräuterbeete sowie ein zierendes Gartenelement (▶).

Weiden – ein lebendiges Baumaterial

Weiden, in den verschiedensten Formen verarbeitet, haben seit eini-
geszug durch unsere Gärten unternommen. Zu lebenden Zäunen
leisten sie wertvolle Dienste und schmücken mit ihrem schönen, sil-
ben sind sie auch ein schützender Unterstand. Von Kinderspielplätzen
wegzudenken.

Der neue Trend kommt auch unseren Korbmachern zugute: Manchem hat die wieder auflebende Begeisterung für das alte Material neue Perspektiven gegeben. Während bei klassischen Korbflechtarbeiten die billige Konkurrenz aus fremden Ländern erdrückend ist, sind die Kenntnisse hiesiger Korbmacher beim lebendigen Verbau und der Herstellung vor Ort unverzichtbar.
Weiden sind in unserer Landschaft an Bachufern, Gewässern aller Art und in Auen weit verbreitet. Die vielgestaltige Gattung ist sowohl mit strauch- wie baumartigen Wuchsformen vertreten. Ein regelmäßiger Schnitt ist für die kurzlebigen Arten überlebenswichtig: so werden sie laufend verjüngt und das natürliche Ende wird immer wieder hinausgezögert. Übrigens ist auf diese Weise eine ganz besondere Kulturform heute leider mit Seltenheitswert entstanden: die so genannten Kopfweiden *(Salix viminalis)*, die über

gen Jahren einen erfolgreichen Sie-
und Sichtschutzwänden verarbeitet,
brig-grauen Laub. In Form von Lau-
sind sie heute gleichfalls nicht mehr

Zäune aus geflochtenen Weidenstecklingen sind gleichzeitig grün und lebendig.

dicken, furchig-borkigen Stämmen dichte grüne Köpfe aus vielen dünnen, jungen Trieben tragen. Heute werden die verschiedenen Arten von Gebrauchsweiden meist in Plantagen gezogen. Weiden besitzen mehrere Eigenschaften, die ihren Wert als natürliches, lebendes Baumaterial bestimmen: ihre Triebe sind hoch elastisch, sie wachsen schnell und sind auf nahezu allen Böden äußerst tolerant. Wenn Pflanzenteile abgerissen oder geknickt werden, können sie sich ganz schnell regenerieren. Wegen dieser Eigenschaften wurden Weiden zunächst als lebende Bauwerke zur Sicherung von Hängen und im Wasserbau zum Schutz von Ufern verwendet. Der Einzug in die Gärten und Grünanlagen ist noch nicht so lange her. Während Flechtzäune aus toten Ruten Tradition besitzen, sind die lebendigen Zäune erst seit einigen Jahren stärker verbreitet. Spieltunnels und -tipis, Laubengänge und Pavillons ergänzen das Sortiment.

Natürliche Bauwerke in großer Formenvielfalt

Fast wie eine Skulptur wirkt dieser außergewöhnlich schöne Zaun aus Weidenflechtwerk: ein individuelles Schmuckstück, das den Garten unverwechselbar macht. Beide Elemente zeichnen einen leichten Bogen nach und sind etwas voneinander abgerückt. Dadurch wird die Fläche unterbrochen und wirkt lebendiger. Zugleich ist so ein Durchschlupf zum hinteren Teil des Gartens geschaffen. Da hier tote, nicht mehr ausschlagende Weidenruten verwendet wurden, kommt die dekorative, rustikale Struktur des Flechtwerks besonders gut zur Geltung (▲).

Ein schöner Blickfang und ein Gliederungselement im Nutzgarten oder Staudenbeet sind solche Rankgerüste. Clematis, Wicken oder Winden, aber auch Bohnen und Kürbisse finden hier guten Halt und „Ausstellungsfläche" für Blütenpracht und Fruchtschmuck. Im Hintergrund ist die frische Ernte aus Weidenplantagen zu sehen: Bündel in diversen Größen und Farben stehen zur kreativen Weiterverarbeitung bereit (◀).

Wie ein schützender Kokon umhüllt die transparente Laube aus lebenden Weidenruten die Sitzbank (ebenfalls aus Weiden gebaut). Bald schon wird silbrig schimmerndes Laub den Sitzplatz einhüllen (▶).

Wiese und/oder Rasen

Wiesen gehören zu den tragenden Elementen eines naturnahen Gar-
den sie erst auf einem abgemagerten Boden. Sie verändern ihr Aus-
zinierende Farbenspiel wechselt permanent. Schöne Blühpflanzen in
verschiedenste Schmetterlinge an, die in der Luft schwirrend bunte
Eleganz verzaubern.

Rasen oder Wiese – für viele führt diese Frage zu einer Grundsatzdiskussion. Liebhaber des naturnahen Gartens werden zu leidenschaftlichen Verfechtern der Wiesen, Ordnungsliebende verteidigen den saftig-grünen Rasenteppich. Dabei kann beides sehr gut nebeneinander existieren. Für belastbare Flächen wie die Spielwiese am Haus oder als Platz für Gartenfeste ist Rasen einfach besser geeignet. Es muss ja nicht der intensiv gedüngte, häufig geschnittene Zierrasen mit nur wenigen Arten sein. Die Ansprüche kann auch ein artenreicherer Kräuterrasen erfüllen, der nur alle paar Wochen gekürzt wird. In der Artenvielfalt bei Pflanzen und Tieren wird aber auch er immer von den Wiesen in den Schatten gestellt.

Blumenreiche Wiesen können ohne weiteres ein Staudenbeet ersetzen. Wenn ein Rasen zur Wiese umgewandelt werden soll,

tens. Wirklich schön und bunt wer-
sehen im Laufe der Monate, das fas-
berauschender Artenvielfalt locken
Tänze vollführen und uns mit ihrer

Leuchtend blau zieht sich ein lockeres Band aus Günsel durch die Wiesenfläche.

muss die Fläche allerdings systematisch abgemagert werden. Auch dann wird man einige Jahre auf den Erfolg warten müssen. Um schneller sichtbare Ergebnisse zu erhalten, können verstreut getopfte Wiesenstauden gepflanzt werden.
Bei einer Neuanlage wird einfach gleich kiesig-sandiges Material verwendet oder auf dem Rohboden eben kein humusreicher Gartenboden aufgetragen. Eine Ansaat empfiehlt sich, da bei spontaner Besiedlung oft nicht das gewünschte Bild entsteht. Bei spezialisierten Saatgutzüchtern kann zwischen speziellen Mischungen für alle Standorte gewählt werden: saure und alkalische Böden, trockene und feuchte Standorte, Sonne oder Schatten. Am artenreichsten werden Wiesen auf eher trockenen Substraten. Gemäht wird in der Regel zweimal jährlich, im Juni/Juli und September/Oktober.

Bunte Vielfalt kontra grüner Teppich

Eine blühende Blumenwiese ersetzt hier das Blumenbeet an der Terrasse. Der sanft abfallende Wiesenhang passt sich perfekt in die ländliche Umgebung ein. Ein alter Obstbaum, der das Wohnhaus im Alter vermutlich weit überrundet, blüht mit den Wiesenpflanzen um die Wette, ist treuer, Früchte tragender Hausbaum und spendet Schatten für den Sitzplatz am Haus (▲).
Rasen und Wiese können bestens nebeneinander existieren und sich sogar wechselseitig in der Wirkung steigern. Wiesenflächen sind bunt, voller Leben und ein Genuss für das Auge, sollten aber nicht betreten werden. Rasenflächen sind belastbar, als Spielfläche wie auch als Sitzplatz bestens geeignet. Um möglichst viel Lebensraum für heimische Pflanzen und Tiere zu schaffen, sollte die Rasenfläche im naturnahen Garten aber zugunsten der Wiese auf ein Mindestmaß reduziert werden. Die Kräuterwiese im Bild ist vermutlich einfach dadurch entstanden, dass der Rasen hier nicht mehr gemäht wurde. Wenn die Fläche mit den Jahren abgemagert wird, kann sich hier eine größere, buntere Artenvielfalt einstellen (◀).
Auf feuchten Wiesen fühlt sich die exotisch gemusterte, heimische Schachbrettblume wohl und breitet sich mit ihrem Samen aus (▶).

Ein einziger blauer Blütenteppich aus Blausternchen (Scilla) bedeckt diese Frühlingswiese. Im Schutz des mächtigen Baumes liegt genau der richtige Standort für die schönen Zwiebelpflanzen.

Frühjahr und Sommer

Gärten bringen die Abläufe der Natur näher zu uns heran. In ihnen
renden Wechsel der Jahreszeiten, das ständige Werden und Vergehen
erleben. Der Höhepunkt im Gartenjahr ist zweifellos der Sommer,
ren scheint und die Blütenpracht in unübertroffener Fülle schwelgt.
der Frühling voraus.

Die Jahreszeiten beeinflussen uns stärker, als wir im täglichen Leben wahrhaben wollen. Ein sonniger Sommertag und angenehm warme Temperaturen lassen das Stimmungsbarometer schnell ansteigen. Das ist auch kaum verwunderlich: Frühjahr und Sommer stehen schließlich im natürlichen Rhythmus für das wieder beginnende und blühende Leben, während in Herbst und Winter alles zu vergehen scheint, um dann in friedlicher Ruhe das erneute Erwachen abzuwarten.

Kaum strahlen die ersten Krokusse, Märzenbecher oder Schneeglöckchen, ist der Frühling nahe. Oft sind es kleine Zwiebelpflanzen, die als erste im Jahr endlich wieder Leben und Farbe in den Garten tragen. Im Wurzelfilz Laub tragender Gehölze können sie sich bestens ausbreiten und haben ihre Vorräte für die nächste Saison längst gesammelt, bis Bäume und Sträucher ihr grünes

können wir den immer wiederkeh-
ganz unmittelbar „vor der Haustür“
wenn alles vor Lebenskraft zu vibrie-
Als erfrischender Vorbote schreitet

Eine ganze Flut von Dichternarzissen kündigt das neue Gartenjahr an.

Blätterdach wiederhergestellt haben. Auf freien, offenen Flächen wird man mit diesen kleinen Pflanzen kaum Glück haben, sie brauchen den Standort am Gehölz. Aus der heimischen Flora lassen sich im Garten verschiedene Anemonenarten, Maiglöckchen, Lerchensporn, Hundszahn, Schachbrettblume, Kleine Traubenhyazinthe, Milchstern und Hasenglöckchen zu schönen Farbklängen kombinieren.

Wenn ihre Blüte vorübergeht, fällt das eigentlich gar nicht sonderlich auf. Bäume und Sträucher übernehmen die Hauptrolle, und das fantastische Schauspiel des Laubaustriebs beginnt. Dann endlich ist die Kulisse fertig für die „Stars“ in der Gartenszene, die prächtigen sommerblühenden Stauden und Gehölze, Strukturen schaffenden Gräser, Blätter mit interessanter Oberfläche, Form oder Farbe.

Wechselnde Blütenpracht von März bis September

Im Frühjahr, wenn der Laubaustrieb zögerlich beginnt, bringen Frühlingsblüher außer Konkurrenz als erste Lichtblicke neues Leben in den Garten. Ganze Kolonien von niedrigen Zwiebelpflanzen und anderen ausdauernden Stauden treten in geballter Masse als locker gewebter bis dichtflächiger Teppich auf. Hier zieht die Große Schlüsselblume (*Primula elatior*) in lichtem Gelb die ganze Aufmerksamkeit auf sich. Für andere Standorte hält die heimische Pflanzenwelt noch eine Palette weiterer Primelarten bereit (▲).

Obstbäume besitzen nicht nur hohen Nutzwert, sie sind auch wichtige Ziergehölze. Im Frühjahr umgibt die knorrigen Gestalten eine luftige, weiße bis zart rosafarbene Blütenwolke, die Heerscharen von Bienen und anderen summenden Bestäubern anlockt. Gerade ältere Bäume, wie das gezeigte Beispiel, sind darüber hinaus Lebensraum für zahlreiche Tiere. Aber auch Flechten und Moose lassen sich auf dem Stamm nieder und verleihen dem Gehölz eine interessante, lebendige Patina (◀).

Ein Vorgarten der etwas anderen Art: In dem Kiesstreifen am Haus breitet sich die Großblütige Königskerze aus, deren gelbe Blütenrispen die Besucher von Juli bis September begrüßen (▶).

Herbst und Winter

Nach Sommer und Frühjahr folgen ganz unweigerlich, ohne dass
wäre, der Herbst und der Winter. Von der nassen, der kalten, der
Die Nacht raubt dem Tag die Stunden, die Dunkelheit überwiegt
vom Freien wieder ins Haus. Doch wer denkt, dass der Garten jetzt
hat, irrt gewaltig.

Die ersten Vorboten für das Ende des Sommers kündigen sich bereits im August an. Immer mehr Blumen zeigen nur noch die Überreste ihrer früheren Pracht oder Samenansatz, der ein Garant für ihren Fortbestand im Garten ist. Auch an Sträuchern und Bäumen werden die reifenden Früchte immer deutlicher sichtbar. Gartenpflanzen aus Nordamerika wie der beliebte Wilde Wein können bei bestimmten Witterungsverhältnissen schon jetzt das rote Feuer ihrer Herbstfärbung entfachen. Eine überragende Herbstfärbung zeigen auch Spitzahorn und Feldahorn, Zitterpappel, Vogelkirsche, Eberesche, Weißdorn, Felsenbirne, Bluthartriegel, Sauerdorn, Pfaffenhütchen oder Gewöhnlicher Schneeball. Zur gleichen Zeit haben viele Früchte ihr Ziel erreicht. Manche schmücken nun den Garten und sind Mahlzeit für Tiere, andere warten auch auf uns zur Verarbeitung. Die roten Stein-

irgend eine Beeinflussung möglich
ruhigen Jahreszeit ist dann die Rede.
das Licht. Unser Leben verlagert sich
nichts mehr Interessantes zu bieten

Wie Puderzucker überstäubt der Frost das braun gefärbte Falllaub der Kastanie.

früchte der Kornelkirsche, die Hagebutten der Rosen und die Fruchtdolden der Eberesche ergeben eine erlesene Marmelade, aus den Beeren des Schwarzen Holunder kann Saft, Wein, Likör und Gelee hergestellt werden. Haselnüsse und Walnüsse können für den Winter gelagert werden. Andere Früchte dagegen sind giftig und unbedingt zu meiden, so zum Beispiel die von Liguster, Efeu, Pfaffenhütchen, Eibe oder roter Heckenkirsche.

Im November verabschieden sich die Farben endgültig für die nächsten Monate. Jetzt ziehen interessante Strukturen im Garten, etwa Gräser, Gehölze mit schönem Zweiggerüst oder abgestorbene Pflanzenteile mit Fruchtschmuck und ungewöhnlich gemusterte Rinden unsere Aufmerksamkeit auf sich. Frost und Reif überziehen alles mit feinen Kristallen, Schnee und Eis breiten ihre Decke aus.

Gartenschmuck der kalten Jahreszeit

In intensiv leuchtendem Rot setzen sich die Blätter des Wilden Weins (*Parthenocissus tricuspidata* 'Veitchii') von der Fassade ab und ziehen bereits Anfang September die ganze Aufmerksamkeit auf sich. In den folgenden Monaten setzen andere Gehölze, aber auch Stauden und Gräser das Farbenspiel, das alle warmen Töne vom hellen Gelb über intensives Orange bis zu dunklem, samtigem Rot und verschiedensten Brauntönen vorführt, in Garten und freier Natur fort: ein berauschender Anblick, der über Kälte, Wind und Regen hinwegtröstet! Besonders facettenreich präsentiert sich die Herbstfärbung, wenn kalte, frostige Nächte und sonnige Tage sich abwechseln (▲).

Büschelweise kleine, rote Äpfelchen, die sich kontrastreich vom strahlend weißen Schnee abheben, trägt dieser Zierapfel. Sie können ähnlich wie die Früchte ihrer verwandten Obstbäume zu Gelee und Marmelade verarbeitet werden. Doch auch von Vögeln werden sie als winterliche Nahrungsquelle hoch geschätzt (◀).

Mit zu den schönsten Früchten, mit denen die Natur uns belohnt, gehören die Hagebutten der Rosen. In großer Formenvielfalt und in Farben von Rot bis Schwarz schmücken sich die verschiedenen Rosenarten unserer heimischen Pflanzenwelt (▶).

Der Garten als Lebensraum

Naturnahe Gärten bieten Lebensraum für Tiere. Einige – wie zum geschätzten Singvögel oder auch zahllose Insekten – stellen sich wohl und brauchen keine besondere Hilfestellung. Andere wiederum existieren, wenn ihre besonderen Ansprüche erfüllt werden. Zwar tiere Besucher oder Dauergäste im Garten, aber manche werden hier

Wer naturnah gärtnert, tut dies nicht nur, um die Natur besser erleben und kennenlernen zu können. Er will auch den Natur- und Artenschutz aktiv unterstützen. Er schafft die verschiedenen Standorte, die von den heimischen Wildpflanzen vorgegeben werden. Damit holt er aber nicht nur Blumen, Stauden, Gräser, Bäume und Sträucher in seinen Garten. Die Tiere ziehen gleich von selber mit. Schließlich ist eine Wiese nicht nur eine Summe von blühenden Pflanzen und Gräsern, sondern auch Lebensgrundlage für Schmetterlinge, Bienen, Heuschrecken, Käfer und so weiter.

Eine mehrstufig aufgebaute, naturnahe Hecke ist nicht nur schön anzusehen, sondern ist Vögeln Singwarte, Ansitz, Nahrung, Nistplatz und Versteck, zugleich schützender Unterstand und Winterquartier für viele andere Tiere. Bedrohten Arten sowohl aus

Beispiel manche unserer hoch
von selbst ein, fühlen sich überall
sind Spezialisten und können nur
sind nicht all unsere heimischen Wild-
doch Unterschlupf finden.

Einfache Nistkästen sind schnell selbst gebaut. Die Holunderbeeren werden von den Vögeln gerne verzehrt.

trockenen als auch aus feuchten Lebensräumen kann im Garten bei richtiger Anlage ein künstlich geschaffenes Ersatzbiotop angeboten werden.

Zwar kann im Garten nicht umfassender, im Großen wirksamer Natur- und Artenschutz betrieben werden – dazu sind die Maßstäbe doch etwas zu klein –, aber es sind wichtige kleine Bausteine, die dem Menschen helfen, seinen Blick und seine Verantwortung für unsere natürliche Umwelt zu schärfen. Wer die Zusammenhänge verstehen lernt, wird begreifen, dass er mit dem Schutz anderer Lebewesen am Ende auch sich selbst einen Gefallen tut.

Im Kleinen, in der eng umgrenzten Welt des Gartens, wird er sofort merken, dass viele der Tiere, denen er hilft, auch für ihn bei der Gartenpflege nützlich sind.

Raum für kleine Helfer und Besucher

Wer in seinem Garten solch einen Unterschlupf für Ohrwürmer anbietet, tut damit nicht nur den emsigen Krabblern, sondern auch sich selbst ein großen Gefallen. Die kleinen Insekten stehen völlig zu Unrecht unter Verdacht, mit ihren Kneifwerkzeugen menschliche Ohren zu traktieren. Vielmehr betreiben sie biologische Schädlingsbekämpfung, indem sie auf nächtlichen Jagden andere Insekten, vor allem die gefürchteten Läuse, vertilgen. Ein umgekehrter Blumentopf, gefüllt mit Holzwolle, wird dafür in den Obstbaum gehängt: geringer Aufwand, große Wirkung! (▲).

Äste, Zweige und Reisig, die beim Gehölzschnitt anfallen, sollten aufgeschichtet in einer schattigen, feuchten Ecke im Garten verbleiben. Säugetiere wie der Igel finden hier Unterschlupf, verschiedene Vogelarten können geschützt brüten oder Nahrung finden. Für eine Heerschar von Insekten ist Totholz ein Eldorado, einige sind sogar dringend auf diese Form von Lebensraum angewiesen: manche Käferarten, Hautflügler, Fliegen, Tausendfüßler und Asseln (◄).

Auch der Holzlagerplatz kann in seinen vielen Hohlräumen zahlreichen Tieren Unterschlupf, Nisthilfe und Nahrung bieten (►).

Dekorative Elemente

Ein gut gestalteter Garten braucht keinen zusätzlichen Schmuck – genug natürliche Schönheiten bereit. Prachtvolle blühende Pflanzen, gepflanzt, berauschen mit ihrem Feuerwerk der Farben. Bäume und men, kleine Bauwerke gliedern den Raum, und Tiere beleben die Dekoration nicht schaden.

Zierelemente können helfen, die Schönheit, die im Garten ohnehin geboten ist, noch wirkungsvoller hervorzuheben und zu unterstreichen. Am richtigen Ort platziert, sind sie anziehende Blickpunkte, die die Aufmerksamkeit ganz selbstverständlich mit ihren grünen Nachbarn teilen. Sicher, einige Naturgärtner werden solche pure Dekoration, deren einziger Zweck es ist zu unterhalten, das Auge zu erfreuen und Abwechslung ins pflanzliche Allerlei zu bringen, ablehnen. Die anderen können munter drauf loslegen. Schließlich kann sogar das Dekorieren zur Naturerfahrung werden – wenn die entsprechenden Materialien gewählt werden.

Dekoratives lässt sich bestens mit Nützlichem oder Notwendigem verbinden. Ein Beispiel dafür sind die vielen alten Wein- und Whiskeyfässer, die heute oft in Gärten neue Aufgaben erfüllen. Sie verbinden in perfekter Weise gute Form und Gestaltung mit eigentlich. Er hält aus sich selbst selbst angesiedelt oder, auch bewusst Sträucher setzen beruhigende Rah- Szene. Dennoch kann ein wenig

Recycling der etwas anderen Art: Das Vogelpärchen wurde aus alten Muttern, Kieseln und Eisenstäben gemacht.

hohem Nutzwert. Alternativ zum Regenwasserbehälter können die braunen Holztonnen auch zu schönen Vogeltränken oder zu Miniatur-Wassergärten umfunktioniert werden.

Originelle Figuren, Windspiele und Plastiken verhelfen ehemaligem Schrott zu neuem Ansehen und machen den Garten zum unverwechselbaren Ort und zur Ausstellungsfläche. Auch mit Materialien direkt aus der Natur kann gearbeitet werden. Aus Weidengeflecht, Ästen und Zweigen, Steinen und Kieseln aus dem eigenen Garten, entsteht skulpturenartiger Gartenschmuck, der in seiner eigenen Vergänglichkeit die Kreisläufe der Natur vor Augen führt.

Arbeiten aus Keramik (wieder ein Naturprodukt), hübsche Pflanzkübel, Töpfe und Vasen und schließlich schöne Gartenmöbel, vielleicht sogar farbig, tun ein Übriges.

Altes und Gebrauchtes zu neuen Ehren gebracht

Vor dem Apfelbaum, mitten in der Obstwiese, dreht ein farbig buntes Windspiel seine Runden. Statt auf der Straße surrt die alte Fahrradfelge heute leise in luftigen Höhen. Alte, zerbeulte Dosen sind daran montiert. Sie fangen den Wind und setzen das ungewöhnliche Windrad in Gang.

Ein Beispiel, das zum Nachahmen anregt: Hat nicht jeder alte Gegenstände, von denen er sich eigentlich trennen wollte? Kreativ umfunktioniert für den eigenen Garten, können sie so in neuem Glanz erstrahlen (▲).

Alte Mauerziegel haben hier einen neuen Verwendungszweck gefunden. Sie bilden solide Pfosten für einen dauerhaften und schön anzusehenden Grillplatz. Doch vielleicht war der Platz im Schatten des alten Obstbaumes nicht richtig gewählt: heute tut das kleine Bauwerk hilfreiche Dienste als Gartentisch. Ein Holzeimer, mit Gräsern aus der Wiese dekoriert, strahlt würdevolle Patina aus (◀).

Alte Holzfässer finden in jedem Garten einen guten Platz. Sie sind als Regentonnen, Vogeltränken oder kleine Wassergärten bestens zu gebrauchen. Dank der traditionellen, sorgfältigen Handwerksarbeit können sie das Wasser problemlos halten (▶).

Liebevoll gestaltete Wächter über das Gartenreich: Ein schmuckes Vogelscheuchen-

Pärchen hält gefiederte Räuber von den Beeten fern.

Spielplatz Garten

Gärten sind wahre Paradiese für Kinder. Hier können sie spielen, matschen, sich verstecken und aufregende Streifzüge und Erkundun- spielend und mit allen Sinnen kennen, können schmecken, fühlen, in den verschiedenen Jahreszeiten Aufregendes zu bieten hat. Statt lungen zu folgen, erfinden sie das Spiel täglich neu.

Familien mit Kindern träumen oft vom eigenen Haus mit Garten. Kinder brauchen Spielräume, die ihre Fantasie anregen und derselben genügend freien Raum lassen, den sie mit eigenen Ideen füllen können.

Spielgeräte, wie sie heute leider oft üblich sind, können diesen Anspruch nicht erfüllen. Auf Wippen kann man nur wippen, auf Rutschen immer wieder nur den gleichen kurzen Weg hinabrutschen. Solche Spielgeräte sind im ersten Moment die große Attraktion, sie werden ständig umlagert und permanent genutzt. Doch bald lässt der anfängliche Reiz nach, und die teure Anschaffung wird unbeachtet links liegen gelassen.

Im naturnahen Garten können Kinder die Möglichkeiten für immer wieder aufregende, neue und abwechslungsreiche Spiele finden. In waldartigen Partien, Hecken und auf einer ausreichend toben, mit Wasser plantschen und gen unternehmen. Sie lernen die Natur hören und riechen, was der Garten starren, vorgegebenen Spielhand-

Dieses schöne Spielgerät aus Weidentrieben-Flechtwerk ist Spielhäuschen, Höhle und Schaukel zugleich.

großen Spielwiese finden sie die ideale Kulisse dafür. Als Spielgeräte dienen Pflanzenteile und Früchte. Baumhäuser heben ab in luftige Höhen und dienen Kindern als privates Reich, wo sie ganz allein König sind und sich der ständigen Kontrolle der Erwachsenen entziehen können.

Je älter Kinder werden, desto mehr ungestörten Raum brauchen sie für sich. Diesem Bedürfnis sollte auch im Freiraum entsprochen werden. Spielhäuschen im Garten, etwas außer Sichtweite, dienen ihnen und ihren Freunden als Rückzugsmöglichkeit. Die Kleineren freuen sich über Spielhügel und Matschecken, wo das Plantschen erlaubt ist.

Aromatische Pflanzen und Kräuter vermitteln Kindern sinnliche Anreize, und von Obststräuchern und -bäumen kann im Vorübergehen genascht werden.

Abenteuerspielplätze für Kinder

Der gläserne Pavillon in einer verwunschenen Ecke des Grundstücks ist ein Traum für Kinder: ein Zufluchtsort im romantischen Wildwuchs. Das transparente Gebäude ist ein ideales Spielhäuschen im Garten, in dem die Kinder sich mit Freunden, unbeobachtet von störenden Erwachsenen, in Ruhe zurückziehen können. So lässt sich auch ein kleiner Regen beim Spielen im Freien schadlos überstehen. Eine üppig wachsende Kletterpflanze bietet Sichtschutz und vermittelt Geborgenheit (▲).

Davon träumen alle Kinder: Ein Baumhaus als ganz privates Reich, Zugang für Erwachsene strengstens verboten! Ein solches Baumhaus, errichtet in der stabilen Krone eines alten Obstbaumes, können Eltern und Kinder leicht selbst bauen (◄).

Weiden sind seit einigen Jahren aus der Gestaltung von Spielplätzen nicht mehr wegzudenken, und das zu Recht. Für Kinder bieten sie sehr gute Spielideen: Statt im Grunde starrer, vom üblichen Spielgerät vorgegebener Handlungen können sie nun ihrer Kreativität freien Lauf lassen. Geknickte oder abgerissene Äste, wildes Toben – wirklich nichts nehmen die elastischen, sich schnell regenerierenden Triebe der vielseitig zu verwendenden Pflanzen übel (►).

Nutzgärten – praktisch und schön

Im Gemüsegarten kann der Hobbygärtner sich so manche Delika- und aromatische Helfer für die feine Küche hält ein Kräutergarten die Arbeit auf der eigenen Scholle weniger Früchte tragende Mühe freiem Himmel, die entspannend ist und schließlich erfreuliche und sen über die Herkunft ist ein weiterer Vorteil von Gemüse aus dem

Mit Liebe gepflegte Beete voll leckeren Gemüses sind ein Fest für die Augen. Runde Salatköpfe in Reih und Glied stehen neben aufrechten Zwiebeln und sich kriechend ausbreitenden Gurken und Kürbissen. Auf stützenden Gerüsten ragen Stangenbohnen und Tomaten über die niederen Bodenbewohner hinaus. Gleich nebenan locken rote Erdbeeren verführerisch aus grünem Laub und spitzen die hellen Köpfe von Blumenkohl aus graublauem Blattwerk hervor. Gemüse ist, wie man sieht, nicht nur ein vitaminreiches Nahrungsmittel, sondern eine Pflanzengruppe mit hohem Zierwert.

Auch wenn der Gemüsegarten ästhetische Qualitäten besitzt, soll er vor allem handfesten Nutzen, also eine gute Ernte bringen. Um die gewünschten Ergebnisse zu erzielen, brauchen Gemüsepflanzen einen guten Gartenboden, schön gelockert, humusreich und tesse selbst heranziehen. Würzige in großer Vielfalt bereit. Für viele ist als eine angenehme Tätigkeit unter essbare Ergebnisse zeitigt. Das Wis- eigenen Garten.

Die Natur hält so manche Delikatesse bereit: die Früchte aus dem eigenen Garten, die mit viel Liebe und Begeisterung gepflegt wurden, schmecken gleich doppelt so gut!

ausreichend mit Nährstoffen versorgt. Für den Gärtner bedeutet das einen nicht zu unterschätzenden Pflegeaufwand, der am Ende aber sicht- und schmeckbar belohnt wird.

Der Verzicht auf chemische Hilfsmittel wie Pestizide oder Herbizide ist im biologischen Gemüseanbau genauso selbstverständlich wie die Verpönung von mineralischen Kunstdüngern. Sie sind hier auch völlig überflüssig. Das Wissen aus jahrhundertealter Gartentradition hält für jedes Problem einen wirkungsvollen Rat bereit.

Biologischer Pflanzenschutz heißt das Zauberwort. Igel vertilgen Schnecken und Raupen, Vögel holen ungeliebte Fraßinsekten und Maden aus den Beeten, Florfliegen und Marienkäfer machen sich mit Hochgenuss über Blattläuse her. Pflanzen bekämpfen Schadinsekten, Krankheiten und Wurzelälchen.

Genüsse für Augen und Gaumen

Der Nutzgarten kann auch eine wahre Zierde sein. Hier sind Winter-Heckenzwiebeln, roter „Lollo rosso“-Salat und Kohlpflanzen in Reihen nebeneinander gesetzt. Kontrastierende Blattfarben und -formen bieten einen reizvollen Anblick. Die Zwiebeln tragen einen Kopfschmuck aus weißen Blütenkugeln. Für den Gemüsefreund steht eine ganze Palette von Zwiebel- und Laucharten zur Auswahl: Garten- und Gemüsezwiebeln, Schalotten, Frühlingszwiebeln, Lauch und Lauchzwiebeln und der würzige Knoblauch. Dazu kommt der heimische Bärlauch, der als zierender Frühlings- und Frühsommerblüher im Schatten von Gehölzen wächst (▲).

Immer der Sonne nach wandern die schönen Blütenköpfe der Sonnenblume. Als traditionelle Zierpflanze sind sie aus dem Nutzgarten nicht wegzudenken. Im Laufe des Sommers reifen die schwarz umhüllten Kerne heran, die bei Vögeln als Futter hoch begehrt sind. Sonnenblumenöl bereichert unsere Küche, die vitamin- und ölreichen Kerne sind eine wertvolle Zutat beim Backen und Kochen (◄).

Kleine Gewächshäuser und Frühbeete mit einer schützenden Abdeckung aus Glas sind unverzichtbare Helfer bei der Anzucht von Pflanzen (►).

Bunte Mischungen, attraktive Solisten

Zu Spindeln erzogene Obstbäume erleichtern die herbstliche Ernte. So können Kinder und ältere Menschen die Früchte bequem pflücken. Auch in kleineren Gärten ist diese Erziehungsform sehr zu empfehlen. Obstbäume beleben den Garten im Frühjahr mit einer hellen Blütenwolke, delikate Früchte runden im Herbst das Gartenjahr ab (▲).

Kürbisse sind wahre Kletterkünstler. Ein Gerüst aus Haselruten hebt die orange leuchtenden Früchte über die Beete. Wer mehr den Zier- als den Nutzwert der schönen Pflanze schätzt, kann ungewöhnlich geformte und gemusterte Zierkürbisse heranziehen, die in Herbst und Winter der Blickfang sind. Ganz nach alter Bauerngartentradition sind in diesem Garten Nutz- und Zierpflanzen vermischt. Die orangefarbene Studentenblume (*Tagetes*) ist wirkungsvoll bei der Bekämpfung von Wurzelälchen und eine gute Gründüngungspflanze. Leider lockt sie Schnecken magisch an (◀).

Mischkulturen erleichtern die Arbeit des Gärtners. Doch bevor munter durcheinander gepflanzt wird, sollte man sich gründlich informieren. Denn manche Pflanzenkombinationen sind eher schädlich als nützlich. Hier gesellen sich Erdbeeren, Lauch und Salat vorbildlich zueinander (▶).

Schätze aus dem eigenen Garten

Die pelzigen Früchte der Quitte strömen ein intensives, feines Aroma aus. Genießbar werden sie aber erst im gekochten Zustand. Das köstliche Gelee, das man aus ihnen bereiten kann, ist eine Delikatesse. Neben der abgebildeten Birnenquitte können auch Apfelquitten gepflanzt werden.

Appetitlich leuchtet der Rotkohl im Herbst aus dem Garten. Kühl gelagert bleibt das Gemüse den ganzen Winter über frisch. Die Familie der Kohlgemüse ist sehr vielgestaltig: Weißkohl, Rotkohl, Wirsing, Blumenkohl, Kohlrabi und einige mehr bereichern die Speisekarte.

Strahlend rote Wangen zeigen diese Äpfel: Ein Anblick zum Anbeißen! Das Aroma der verschiedenen Apfelsorten reicht von säuerlich über würzig und aromatisch bis süß. Bei der Auswahl für den eigenen Garten sollten regionale Sorten, die an das Klima angepasst sind, berücksichtigt werden.

Die Mispel *(Mespilus germanica)* ist ein echtes Wildgehölz. Gärtnerische Zuchtformen, die größere Früchte tragen, können auch im Garten verwendet werden. Die harten Früchte können erst nach den ersten Frösten verzehrt werden.

Die dunklen Beeren des Schwarzen Holunders *(Sambucus nigra)* lassen sich zu Saft, Gelee und Fruchtwein verarbeiten. Früher war der heimische, häufig vorkommende Strauch auch als Färberpflanze bekannt.

In großer Formenvielfalt präsentieren sich die Hagebutten, die Früchte der Rosen. Die daraus gewonnene Marmelade ist selten und besitzt einen unverwechselbaren Geschmack. Die ungewöhnlichen, schwarzen Hagebutten der Bibernell-Rose stechen besonders hervor.

Die Ernte aus dem Kräutergarten in Reih und Glied: Zu Sträußen gebunden und kopfüber zum Trocknen aufgehängt, können viele der aromatischen Arten haltbar gemacht werden.

Naturgemäße Gartenpflege

Ohne Pflege geht es auch im naturnahen Garten nicht. Um das ge-
und wertvolle Lebensräume zu erhalten, sind schon ein wenig Einsatz
Pflegegang ist genauso eine Entdeckungsreise durch den eigenen Gar-
Pflanzen und Tieren kann man immer wieder Neues erkunden und
der sich lohnt!

Wer einen Garten besitzt, weiß: Jeder Bereich, jede Art von Lebensraum braucht eine eigene Art von Pflege. Der Umgang mit einem mageren Trockenstandort ist nicht zu vergleichen mit der Pflege von Wildstauden, die sich gemütlich im Schatten von Gehölzen ausbreiten, oder dem Gemüsegarten. Gerade bei Wildpflanzen, die zum Teil empfindlich auf Veränderungen ihres Standorts reagieren und sich vielleicht sogar schnell beleidigt zurückziehen, ist eine umfassende Kenntnis ihrer Ansprüche und der Merkmale ihres Lebensraumes eigentlich unverzichtbar. Bei Wildpflanzenbeeten stellt sich die Frage nach Kraut oder Unkraut oft gar nicht. Vielmehr will lenkend eingegriffen werden, seltene Pflänzchen werden gezielt gefördert, andere, die überhand nehmen und ihre Nachbarn zu verdrängen drohen, reduziert. Freie Flächen müssen von den Keimlingen durchsetzungsstarker Gewünschte Bild, empfindliche Pflanzen und Arbeit erforderlich. Doch jeder ten. Beim hautnahen Kontakt mit einiges dazulernen. Ein Aufwand also,

So wurde früher Heu gemacht: Nach dem Mähen lässt man das Gras zunächst anwelken, dann wird es zum Trocknen auf dreibeinige Holzböcke geschichtet.

hölze befreit werden. Unter Gehölzen muss nur wenig getan werden. Regulierende Eingriffe in die Dynamik der Pflanzengesellschaften reichen meist aus. Wiesen werden in der Regel zweimal im Jahr gemäht. Die erste Mahd erfolgt im Juni oder Juli, wenn die erste prächtige Blüte vorbei ist. Im September oder Oktober wird noch einmal zur Sense gegriffen. Das Mähgut sollte nicht auf der Fläche verbleiben. Es würde nur zu einer Anreicherung mit Nährstoffen führen, die hier unerwünscht ist. Düngergaben sind übrigens an den meisten Wildpflanzenstandorten, die von mageren Verhältnissen geprägt sind, eher schädlich als nützlich.

Die Herstellung von gut ausgereiftem Kompost ist eine Kunst, die vom Gärtner Fachwissen und Sorgfalt erfordert. Dieser elementare Dünger verbessert die Böden bei Gartengehölzen, nährstoffliebenden Stauden und natürlich im Gemüsegarten.

Helfer bei der Gartenpflege

In Kompostmieten entsteht wertvoller Dünger für den Garten. Nährstofffresser wie Kürbisse, Gurken oder Zucchini können sogar direkt auf gut verrotteten Kompost gepflanzt werden, wenn der Platz ausreichend sonnig ist. Dort können sie sich ihrem großen Platzbedarf entsprechend ausbreiten und haben immer feuchte Füße – ideal für die Pflanzen, die aus tropischen Regionen stammen. Besser noch ist aber die Anlage eines Hügelbeetes, das aus organischen Gartenabfällen, Grassoden und Kompost verschiedener Rottegrade aufgeschichtet wird. „Abfall“ gibt es also im Garten eigentlich nicht, wie man sieht (▲).

Wer gärtnern will, braucht die entsprechenden Geräte. Um Spaten, Rechen und Konsorten immer griffbereit zu halten, sollte ein schützender Unterstand vorhanden sein. Im seltenen Idealfall ist auf dem Grundstück solch eine kleine Scheune vorhanden, in der viel Platz zum Unterstellen vorhanden ist (◄).

So wichtig und wertvoll der Kompost auch ist, so wünschen sich doch viele, dass Mieten und Haufen aus dem eigenen und dem Blick von Besuchern gerückt ist. Da Kompost ohnehin im Schatten reifen soll, kann er gut in versteckten Ecken des Gartens im Schutz von Gehölzen gelagert werden (►).

Nach getaner Gartenarbeit will man die Ruhe im privaten grünen Paradies genießen: auf einer Bank mitten im Grünen ist Entspannung garantiert!

Literaturnachweis

Becker, Monika: *Wildrosen.* München, 1992

Feßler, Alfred: *Naturnahe Pflanzungen.* Stuttgart, 1988

Jaekel, Erhard: *Gärten nach der Natur – mit einheimischen Pflanzen und Materialien.* Stuttgart, 1983

Kiermeyer, Peter: BDB-Handbuch Teil VIII: *Wildgehölze des mitteleuropäischen Raumes.* Pinneberg, 1987

Korz, Jutta: *Naturgärten.* Niedernhausen/Ts., 1997

Kreuter, Marie-Luise: *Der BioGarten.* 17. Auflage, München/Wien/Zürich, 1995

Langer, Silvia; Fladt, Traude; Blessing, Karin (Hrsg.): *Natur erleben mit Kindern.* Stuttgart, 1997

Niemeyer-Lüllwitz, Adalbert: *Arbeitsbuch Naturgarten.* Ravensburg, 1989

Schauer, Thomas und Caspari, Claus: *Der große BLV-Pflanzenführer: über 1500 Blütenpflanzen Deutschlands und der Nachbarländer.* 7. Auflage, München/Wien/Zürich, 1996

Stevens, John: *Wilde Gärten.* 2. Auflage, München, 1987

Verlagsgesellschaft „Grün ist Leben" mbH (Hrsg.): BDB-Handbuch Teil VII A: *Wildstauden für Wiesen und andere Freiflächen.* 10. Auflage, Pinneberg, 1999

Verlagsgesellschaft „Grün ist Leben" mbH (Hrsg.): BDB-Handbuch Teil VII B: *Wildstauden für Schattenflächen und Säume.* 6. Auflage, Pinneberg, 1998

Witt, Reinhard: *Naturoase Wildgarten: Überlebensraum für unsere Pflanzen und Tiere.* 5. überarb. Aufl., München/Wien/Zürich, 1996

Streitfeldstraße 35, 81673 München
http://www.callwey.de
e-mail: buch@callwey.de

Die Deutsche Bibliothek – CIP-Einheitsaufnahme
Ein Titeldatensatz für diese Publikation ist bei
Der Deutschen Bibliothek erhältlich.

ISBN 3-7667-1393-0

Litho, Druck und Bindung: Fotolito Longo, Bozen
Printed in Italy

Bildnachweis

Gisela Caspersen: Titel hinten u. Seite 2/3, 4, 10/11, 13, 14 oben, 16 unten, 20 unten, 22 oben, 24/25, 27, 28 oben, 28 alle, 29, 31, 32 unten, 35, 36 oben, 40/41, 43, 44 oben, 46 unten, 47, 49, 50 alle, 51, 54 unten, 63, 64 alle, 65, 67, 68 unten, 69, 72 alle, 74, 75, 77, 78 alle, 79, 81, 82 alle, 83, 84 alle, 86 alle, 87 mittig u. unten, 88/89, 91, 92 alle, 93, 94

Nicht nur Wildtiere, auch unsere geliebten Haustiere wollen ihr Plätzchen im Garten finden.

Christa Brand: Titel vorn u. Seite 1, 7, 9, 14 unten, 15, 16 oben, 17, 19, 20 oben, 21, 22 unten, 23, 32 oben, 33, 36 unten, 37, 38 alle, 39, 44 unten, 45, 46 oben, 53, 54 oben, 55, 56/57, 59, 60 alle, 61, 68 oben, 71, 73, 85, 87 oben, 95

Adressen

Trude und Rainer Brinkmeier
Landschaftsarchitekten
86911 Dießen
Seite 7

Ernst und Eva Burger, Architekten
85046 Purfing
Titel vorn u. Seite 54 oben, 73

Hans und Gücel Feldhusen, Architekten
85232 Bergkirchen
Seite 21

naturwuchs GmbH
82205 Gilching/Argelsried
Seite 16 oben, 17, 22 unten, 38 unten, 39, 71, 95

savoir-vivre
78054 Villingen-Schwenningen
Seite 71

Henry Weisshaupt
Atelier für Grün- und Landschaftsplanung,
78166 Donaueschingen
Seite 14 unten, 15, 37, 38 oben